KB252321

1
한울 도련님의 변신
요리스타
청

요리스타 청❼

1판 1쇄 발행 | 2016. 2. 4.
1판 7쇄 발행 | 2024. 7. 27.

조재호 글 | 은하수 그림 | 요리조리스쿨 기획 | 정혜정 요리 감수

발행처 김영사 | **발행인** 박강휘
편집 김선민
등록번호 제 406-2003-036호 | **등록일자** 1979. 5. 17.
주소 경기도 파주시 문발로 197(우10881)
전화 마케팅부 031-955-3102 | 편집부 031-955-3113~20 | 팩스 031-955-3111

값은 표지에 있습니다.
ISBN 978-89-349-7330-0   17590
ISBN 978-89-349-6526-8   (세트)

좋은 독자가 좋은 책을 만듭니다. 김영사는 독자 여러분의 의견에 항상 귀 기울이고 있습니다.
전자우편 book@gimmyoung.com | 홈페이지 www.gimmyoungjr.com

이 도서의 국립중앙도서관 출판예정도서목록(CIP)은 서지정보유통지원시스템 홈페이지(http://seoji.nl.go.kr)와
국가자료공동목록시스템(http://www.nl.go.kr/kolisnet)에서 이용하실 수 있습니다. (CIP제어번호 : CIP2015025880)

1
한울 도련님의 변신
요리스타 청
★
조재호 글 | 은하수 그림
요리조리스쿨 기획 | 정혜정 요리 감수
주니어김영사

신나고 바른 식문화를 위해

안녕하세요, 독자 여러분? 〈요리스타 청〉의 스토리를 맡고 있는 만화가 조재호와 그림을 그리고 있는 만화가 은하수입니다.

저희는 함께 만화를 그리고 있는 동료인 동시에 두 아이를 키우고 있는 부부이기도 합니다. 저희 아이들도 〈요리스타 청〉을 보고 있는 여러분과 비슷한 또래예요. 아이들을 키우면서 가장 신경 쓰이는 것 중 하나가 바로 음식입니다. 음식은 아이들의 건강과 성장에 직결되는 문제인 데다가 최근 유전자 조작 식품이다, 방사능 해산물이다 해서 식재료에 대한 흉흉한 이야기들이 워낙 많다 보니 부모로서 자연스레 관심이 갈 수밖에 없지요. 되도록이면 믿을 수 있는 재료를 직접 골라 집에서 제대로 만든 음식만 먹이고 싶지만 그게 생각처럼 쉬운 일은 아닙니다. 각종 패스트푸드와 인스턴트식품들의 광고를 보고 있노라면 어른들도 그 달콤한 유혹을 이겨 내기 힘든데 아이들은 오죽하겠어요? 그래서 저희는 음식에 대해 본격적으로 알아보기로 결심했습니다. 인스턴트식품들이 나쁘다면 왜 나쁜지, 꼭 먹어야 한다면 슬기롭게 먹는 방법은 무엇인지에서부터 아이들의 건강은 물론, 입맛까지 챙겨 줄 수 있는 좋은 먹거리와 바른 조리법에 대해 고민하기 시작한 것이지요.

그리고 그러한 고민의 결과를 독자 여러분과 나누어야겠다는 결심에서 시작하게 된 만화가 바로 〈요리스타 청〉입니다.

저희 부부는 예전에 요리 학원을 잠깐 다닌 적이 있지만 그것만으로는 요리 만화를 그리는 데 부족함이 많았습니다. 이를 극복하기 위해 시중에 나온 요리 관련 서적들을 열심히 보고 평소에 안 먹던 음식들도 열심히 먹어 보았습니다. 여러 전문가들의 도움도 받았지요. 동아사이언스의 과학 전문 기자들과 함께 요리와 관련된 과학 지식들을 익히기도 했고, 요리 학교 선생님들로부터 조언도 구했습니다. 또한 현장에서 요리를 익히는 학생들 모습을 놓치지 않기 위해 직접 인터뷰하고, 학생들이 실습하는 모습도 스케치했습니다.

〈요리스타 청〉은 독자 여러분에게 단순히 '음식은 무조건 골고루 먹어야 하고, 불량식품은 절대 먹어선 안 돼!'라고 강요하는 만화가 아닙니다. 우리 주인공 청이의 좌충우돌 흥미진진한 학교생활을 즐기면서 만화에 나오는 멋진 요리들을 감상하다 보면 자신도 모르는 사이에 음식이 왜 소중한지, 우리는 어떤 음식을 어떻게 먹고 살아야 하는지 자연스럽게 깨닫게 될 거예요.

만화가 조재호 · 은하수

몸과 마음을 예쁘게 성장시켜 주는 책

안녕하세요? 〈요리스타 청〉의 요리 교실을 맡고 있는 정혜정입니다.

저는 전주에 있는 국제한식조리학교에서 학생들에게 요리를 가르치고 있는 선생님입니다. 〈요리스타 청〉의 독자 여러분에게도 맛있는 요리 비법을 하나씩 소개해 주려고 해요. 주방장이 될 것도 아닌데 요리를 배워서 뭐하느냐고요? 여러분은 가족이나 친구들과 맛있는 음식을 먹으면 어떤 기분이 드세요? 신나고 행복하지 않나요? 그래요. 맛있는 음식은 사람들을 행복하게 만든답니다. 여러분도 정성이 깃든 맛있는 요리를 통해 주위 사람들을 기쁘게 해주는 건 어떨까요? 요리는 여러분을 인기 있는 멋쟁이로 만들어 줄 수 있어요.

요리에는 또 다른 놀라운 힘이 있어요. 요리를 하다 보면 성장기에 있는 여러분의 두뇌가 쑥쑥 성장한다는 사실, 알고 있나요? 요리를 만들기 위해 밀가루를 반죽하고, 예쁘게 재료를 다듬고, 냄새를 맡는 등의 행위 자체가 여러분의 감성과 집중력, 지성 등을 길러 주는 훈련이 된답니다. 뿐만 아니라 물을 끓이고, 재료를 익히는 등의 과정을 통해 요리에 숨어 있는 물리, 화학, 생물, 의학 등 각종 과학 지식을 자연스럽게 몸에 익힐 수도 있어요. 여러분이 요리를 통해서 과학을 좀 더 쉽고 친근하게 만날 수 있도록 선생님도 노력하겠습니다.

　친구들은 오늘 어떤 음식을 먹었나요? 김치와 된장찌개? 혹은 샌드위치나 피자? 혹시 먹기 싫다고 투정부리지는 않았나요? 어떤 것이든 우리가 먹는 모든 음식에는 인류의 역사가 담겨 있다고 해도 과언이 아니에요. 인류의 조상들이 농사를 짓고 사냥을 하는 등 어렵게 얻은 식재료들을 어떻게 하면 좀 더 맛있고 영양가 있게 먹을 수 있을까 연구하고 고민한 끝에 만들어진 결과물이 오늘날 우리가 먹는 여러 음식들인 거예요. 오늘 저녁에는 밥상에 있는 음식들을 보면서 그 안에 깃들어 있는 우리의 문화와 조상들의 지혜를 느끼려고 한번 노력해 보세요. 평소 아무렇지도 않게 생각하던 음식들이 한결 맛있게 느껴질 거예요.

　여러분이 건강하고 바르게 성장하는 데 가장 중요한 게 무엇일까요? 바로 음식이에요. 그런 의미에서 저는 여러분께 〈요리스타 청〉을 추천합니다. 이 만화는 단순히 요리와 관련된 지식만을 알려주거나, 불량 식품은 몸에 해로우니 먹지 말라고 훈계하는 그런 만화가 아니에요. 우리가 올바르게 성장하기 위해서는 어떤 음식을 먹어야 하며, 그러한 음식들이 얼마나 소중한 것인지 일깨워 주는 만화랍니다. 만화에 나오는 주인공들처럼 몸도 마음도 예쁘고 멋있게 성장하고 싶다면 〈요리스타 청〉을 읽어 보세요.

정혜정 (국제한식조리학교 교장)

★ 등장인물 소개 ★

청이

조선시대 궁에서 살던 생각시. 뛰어난 수라간 궁녀였던 어머니에게 요리 실력을 물려받았다. 조선 시대 보물인 의궤를 되찾으라는 명령을 받고 한울 도련님과 함께 요리스타 세계 대회 우승에 도전한다.

특징 : 냄새에 아주 예민한 절대 후각

한울

국제조리영재학교의 대표 꽃미남. 친구인 앨버트를 대신해 청이와 짝을 이뤄 요리스타 세계 대회에 나선다. 경연을 거듭할수록 숨겨져 있던 천재성이 더해지며, 점차 세종 대왕 본연의 모습을 되찾게 된다.

특징 : 패스트푸드에 집착하는 엄청난 편식 습관

국제조리영재학교 'A클래스' 멤버. 자신이 짝사
랑하는 한울이가 청이와 가까워지는 것을 극
도로 싫어한다. 요리스타 세계 대회에서 청이
를 떨어뜨리기 위한 음모를 꾸미느라 늘 분주
하다.

특징 : 번번이 실패하는 허점투성이 계략

베르사유 궁전의 마지막 파티시에. 엄청난
괴력을 지닌 자이언트 셰프를 부하로 두
고 있다. 조선 의궤의 비밀을 풀기 위해
청이의 아버지인 내금위장을 납치하고
협박하는 등 온갖 못된 음모를 꾸민다.

특징 : 스파게티 면을 이용한 공격 기술

韓食

차 례

제1화 용호상박 16강전 12

제2화 참을 수 없어! 24

제3화 한울이의 대활약 38

제4화 오, 나의 생각시님 50

제5화 어설픈 제보자 62

제6화 위기와 기회 사이 74

제7화 스포일러 88

제8화 고진감래 100

제9화 차가워져라~ 차가워져라! 112

제10화 팽팽한 연장 승부 126

제1화
용호상박
16강전
소금!

한국 A팀이 선택한 두 번째 양념은…,
소금입니다!
와아
와
와
스승님, 맞습니까?
으음….
나도 좀 헷갈리는구나….

미국 팀도 선택해 주세요!
떡

에이…, 설마….
혹시…;
저 양반들이
우리를 따라한
건 아니겠죠?
앗, 이럴 수가!
미국 팀도
한국 A팀과
마찬가지로
소금을
선택했습니다.

그렇다면 두 팀이
생각한 과학 원리를
들어 볼까요?

소금은 재료의 수분을
밖으로 빼내고
단백질을 응고시킵니다.

그래서 고기를 구울 때는
고기가 어느 정도 익었을 때
소금을 뿌려야 합니다.

그래야 삼투 현상에 의해
육즙이 빠져나가는 걸
막을 수 있지요.

앗!

오, 양측 실력이
모두 대단하군요!

하지만
소금을 설탕
다음에 넣어야
하는 이유는
아직 답하지
않았어요.

그건 바로!
분자의 크기가
다르기 때문입니다.

어쭈,
제법인데…!
이봐,
쟨 누구지?

적어도
너보다는
똑똑해
보이네.
한국 A팀,
조금 더 자세히
설명해 보세요.

소금 분자는
설탕 분자보다
크기가 작아요.
분자 크기가 작은
소금을 먼저 넣으면
작은 틈까지
메꾸게 됩니다.
즉, 재료의 공간이
꽉 차기 때문에
나중에 넣는 양념
분자가 골고루
스며들지 못해요.

딩
딩 동 댕
앗!
폴 짝 폴 짝
퍼펙트!
한국 A팀,
정확한
설명입니다.
후훗,
너희도 대단해.
하지만 여기서 끝이 아닙니다.
세 번째 넣을 양념도
선택해 주세요.
청이야, 이번에는
네가 해 봐.

퍽

예?

도련님…, 저는 과학을 제대로 배우지 못했사옵니다.
걱정하지 말고 한번 해 봐.
난 언제나 네 결정을 따를 거야!
어…, 언제나요?
천 년 만 년 황공하옵니다.
앗, 이번에도 두 팀이 같은 양념을 선택했습니다!
식초

미국 팀, 왜 식초를 선택했나요?
왜냐하면 바로 전에 소금을 넣었기 때문입니다.
식초는 소금의 자극적인 맛을 부드럽게 만들어 주지요.

히익
저런 바보! 청이야, 빨리 간장으로 바꿔!

냉면 먹을 때도 식초는 가장 마지막에 넣는…
안 돼, 이 놈아!

그래서 세 번째로 식초를 넣고 간장을 마지막에 넣습니다.
한국 A팀, 간장을 가장 마지막에 넣는 이유는?

소녀…, 과학에 대해서는 자신이 없지만 이것만은 확실히 알고 있사옵니다.
또한 간장은 오래 가열하면 향과 맛이 날아가기 때문에 살짝 끓이는 것이 제일 좋습니다.
간장과 같은 장류는 알갱이의 크기가 제일 작습니다. 분자 크기가 작은 양념을 나중에 넣는 이유는 아까 한울 도련님이 말씀드렸지요.
따라서 간장을 맨 마지막에 넣는 것이옵니다.

그, 그래요?
두 팀 설명 잘 들었습니다! 그런데 선택한 답을 확신합니까?
마지막으로 답을 바꿀 기회를 드리겠습니다!
예?

우우~우
바꿔! 바꿔!
이놈아, 조용히 해라!

쏙닥쏙닥

미국 팀은 바꿀 건가요?
No! 안 바꿔요!

척

후회 없겠죠?
저희도 바꾸지 않습니다!
세 번째 양념은 식초입니다. 간장은 가장 마지막에 넣는 양념이고요.
네.
꼬옥
청이야, 떨지 마. 내가 있잖아.
어머!
지금 떨고 있는 사람은….
소녀가 아니라 도련님입니다!
식은땀
딩동댕
정답! 양 팀 실력이 용호상박처럼 정말 팽팽하군요.
와
와아
식초로 바꿨으면 큰일 날 뻔했네….

원자는 더 이상 쪼갤 수 없는 작은 알갱이로 개수를 셀 수 있다.

물질의 성질을 간직한 가장 작은 단위를 말한다.

물질을 이루는 기본 성분으로 화학 변화가 일어나도 변하지 않는다.

두 종류 이상의 원소가 결합해 이루어진 물질이다. 화학 변화로 다시 원소로 나눌 수 있다.

*** 분자식**

과학에서는 물을 'H₂O'라고 표현해요. 수소 원자 2개와 산소 원자 1개로 이뤄진 물질이란 뜻이지요. 이처럼 물질을 영어 알파벳과 숫자를 이용해 표현하는 방법을 '분자식'이라고 해요. 특정 물질을 구성하고 있는 원자의 종류와 개수, 원자들의 화학 반응 등을 나타내는 '화학식'의 한 종류이지요. 화학식은 19세기 스웨덴의 화학자 옌스 야코브 베르셀리우스가 처음으로 생각해 낸 방법입니다.

16강전 1라운드는
무승부입니다.
잠시 후 2라운드를
시작합니다.
조리 기구를
준비하기 위해
잠시 쉬는 시간이
주어집니다.
와아
와 와
14:59

가자!
어딜?

준비한 걸 해야지.
아~!
후추 폭탄?

조용히 해.
알았어~♪

고기 패티는?
냉장육으로
준비했어.
고기가 아주
신선하고 좋아!

이거 예감이 좋은데?
우리가 이길 것 같아!
응?

럼
치
차

갑자기 정신이…
몽롱해져. 대체
저게 뭐지…?

내가 준 후추 폭탄을 기억하겠지?
이번 라운드에 청이에게 그 후추 폭탄을 써라!

후추 폭탄!
후추 폭탄!

쓰윽

헤헷~, 생각시에게
후추 폭탄을 쓰자.

청이야,
양념 좀 줄래?
알겠사옵니다.
먼저
고추장….

벌름 벌름
응?

벌름 벌름
벌름 벌름

뭐 해? 어서
달라니까…?
앗, 청이야
왜 그래?
에에에…,
에에에…,
에에에…,
에에에…!

제2화
참을 수 없어!

소녀, 코가 너무 간지러워서 참을 수가….
에에에! 에에에! 이이이!
재, 재료에? 그건 안 돼!
지금 재채기를 하려거든….
돌아서서 해!
파앗

크ㅓㄱ

으아악!

에그머니나! 청이야, 미안해!

캑캑캑!
파르르
청이야, 괜찮아?

한국 A팀 무슨 일이지?
벼, 별일 아니에요.

뚜욱

나오는 재채기를
손가락으로 막았어?
대단한 녀석!
뭐가 대단해?
난 더러워
죽겠는데….

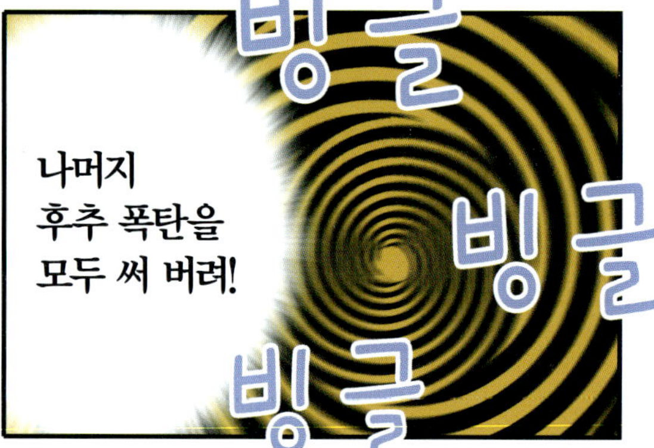
빙글
빙글
빙글
나머지
후추 폭탄을
모두 써 버려!

한국 A팀을
끝장내라!
네!

착
착

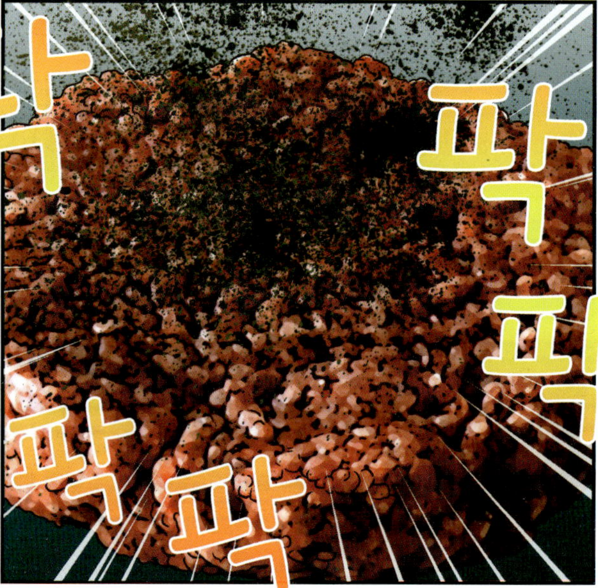
팍
팍
팍
팍
팍

에 취 에 취

미국 팀, 후추를 너무 많이 뿌리는 거 아니야?
후추를 뿌려라!
뿌려라!

에, 에, 에!
에, 에, 에!
에, 에, 에!
으악~! 또?

조금 전보다 콧구멍이 열 배는 더 커졌어!

도저히 못 참겠사…옵…니…, 에…, 에…, 에…!

주방에서는 안 돼!
파
앗

에
취
휘
이
익
이…, 이건 100년 묵은 산삼의 힘이 담긴…
초강력 재채기!
말도 안 돼요!

펑

태, 태풍?

아…. 잠시 안내 말씀을 드립니다.
요리스타 세계 대회 16강전을 치르던 도중 사고가 생겨서….
잠시 휴식 시간을 갖겠습니다.
웅성
웅성
웅성
죄송합니다. 한 번만 용서해 주세요.
사삭

정말 잘못했어요!
탈락만 시키지 마세요. 제발~!
그렁
그렁

일부러 그런 것도
아닌데 어쩌겠니…
다음부터
재채기할 때는
사람들 없는
쪽으로 해.
그럴게요!

앗!
혹시라도 쟤가
방귀 뀌면 정말
큰일 나겠어!

으으…, 생각시도 만만치
않군! 일부러 이쪽을 보고
재채기를 하다니.

가만두지
않겠다!
그렇다면
한 번 더!

명령이다!
남아 있는 후추 폭탄을
모두 뿌려라!

앗, 우리가
지금 무슨 짓을
한 거야?

패티에 후추를
왜 이렇게
많이 뿌렸지?

우리가 뭐에
홀렸었나 봐.

왜
최면이
안 먹히지?

안경이 깨져서
그렇구나. 이 안경은
하나뿐인데…

쓱

야! 너 뭐야?
내가 지금 꿈꾼 것
같은데…!

혹시 나한테
최면술 같은 거
쓴 거야?

얘도
깨어났네!

거기
안 서!

탁
탁
탁

후추 폭탄
작전은
실패다!

하지만
미국 팀은
실력만으로도
한국 A팀을
이길 거야!

그럼 지금부터 다시 16강전을 시작합니다.
시간은 60분! 각 나라의 대표 음식을 만들어 주세요!
ORLD
와
아
와
와
Cooking star chef

음….
음….

자 좀 가져다 주겠니?
OK!

몇 mm야?
40mm.
아직 부족하구나.

미국 팀은 지금 뭘 하고 있는 거지?
햄버거의 완벽한 높이를 찾고 있습니다.
햄버거의 완벽한 높이?

햄버거가 가장 맛있는 두께는 44mm?

맥도날드에서 파는 햄버거의 두께는 보통 44mm이다. 왜일까?

사람들은 보통 세 가지 상황에서 더 긍정적으로 바뀐다고 한다. 바로 자신을 재발견하는 상황과 자신이 돋보이는 상황, 그리고 무언가를 즐기고 있는 상황이다. 이 상황에서는 만족과 감동이 극대화되면서 매사에 긍정적으로 생각하고 상대방의 제안에 'YES'를 외치기 쉽다는 것이다.

일본 맥도날드 대표인 후지다 덴 사장은 이러한 연구 결과를 햄버거 마케팅 전략에 이용했다. 사람들이 햄버거를 먹으면서 행복해질 수 있는 아이디어를 떠올린 것이다. 그 비법이 바로 햄버거의 두께다.

어른이 입을 크게 벌렸을 때 크기를 재 보니 평균적으로 50mm 정도였다. 그리고 햄버거가 한 입에 들어갈 수 있는 최대 크기는 44mm였다. 즉 사람들은 44mm 두께의 햄버거를 한 입만 베어 물어도 입 안이 꽉 차고, 행복을 느낄 수 있다는 것이다.

또 다른 전략은 따뜻한 햄버거를 주문받고 30초 안에 서비스하는 것'이다. 햄버거는 만든 지 5분 안에 먹어야 사람들이 가장 맛있다고 느낀다. 게다가 고객은 햄버거를 주문하고 나서 30초가 지나면 지루함을 느끼기 시작하기 때문에 이 같은 전략이 탄생했다. 이러한 노력 덕분인지 햄버거는 아직도 많은 사람들의 사랑을 받고 있다.

다 다 다
다 다
빨리!
빨리!
더 빨리!
다 다 다 다
다 다 다 다 다

너희들도 햄버거 패티를 만드는 거니? 요란하군.

아닌데요….
그럼 뭐야?

저희는 '효갈비'를 만들고 있어요.
아이~, 땀난다!
다 다 다 다

효갈비?
아~, 떡갈비!
다다
예, 맞사옵니다!
떡갈비는 원래 궁궐에서
임금이 체통을 지키면서도
갈비를 즐기기 위해
뼈에서 살만 발라내고
다진 후 인절미처럼
치대어 만든 것이지요.

떡갈비는
이가 부실한
노인들이 먹기에도
부드럽고 좋아서

'효(孝)갈비'
또는 '노(老)갈비'로
불리게 됐습니다.

떡갈비만큼 우리나라의
식문화를 잘 보여 주는
음식이 또 있을까요?
끄덕
끄덕

음…, 훌륭해!

삑~!
60분이 모두
지났습니다!
이제 양 팀 선수들은
자신이 만든 요리를
설명해 주세요.
VS

정혜정 선생님의 요리 교실

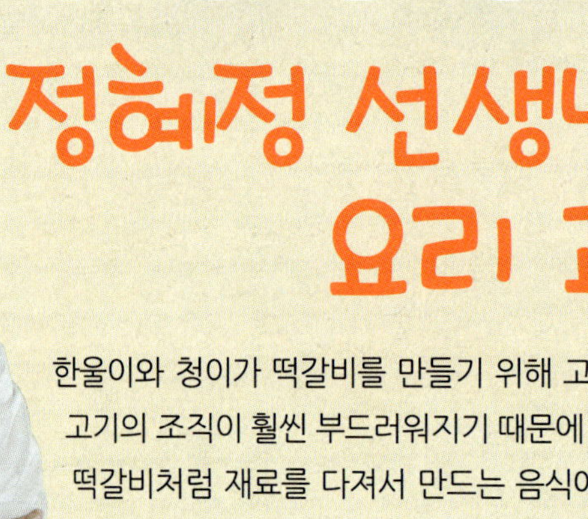

한울이와 청이가 떡갈비를 만들기 위해 고기를 열심히 다졌어요. 이렇게 고기를 다지면 고기의 조직이 훨씬 부드러워지기 때문에 씹을 때 질기지 않고, 소화도 훨씬 잘 되지요. 떡갈비처럼 재료를 다져서 만드는 음식에는 또 무엇이 있을까요? 이번엔 색다르게 두부를 잘게 다져서 만드는 두부선에 도전해 봐요!

두부선

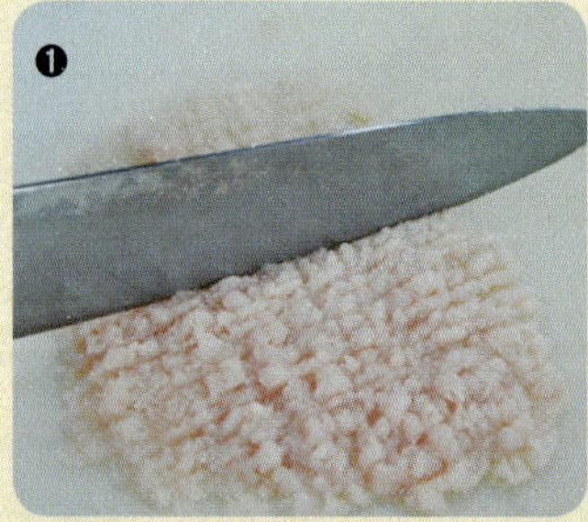

❶

❷

❸

❹

❺

❻

재료 두부 1모, 닭 가슴살 1쪽, 달걀 1개, 표고버섯 1개, 소금 약간, 후추 약간

❶ 닭 가슴살은 곱게 다지고 두부는 으깬 뒤 물기를 짠다.
❷ 닭 가슴살과 두부, 소금, 후추를 섞어서 반죽한다.
❸ 반죽을 네모 모양으로 만든다.
❹ 반죽을 찜기에 넣고 10분 정도 찐다.
❺ 달걀을 삶은 뒤 노른자와 흰자를 분리하고, 숟가락을 이용해 각각 체에 내린다. 표고버섯은 채 썬다.
❻ 찐 두부선에 흰자, 노른자, 표고버섯 순으로 고명을 올리고 한입 크기로 자르면 완성!

잠깐!

▶ 닭 가슴살 대신 소고기 살코기를 사용해도 좋아요. 쪄낸 두부선은 식힌 뒤 잘라야 부서지지 않는답니다.

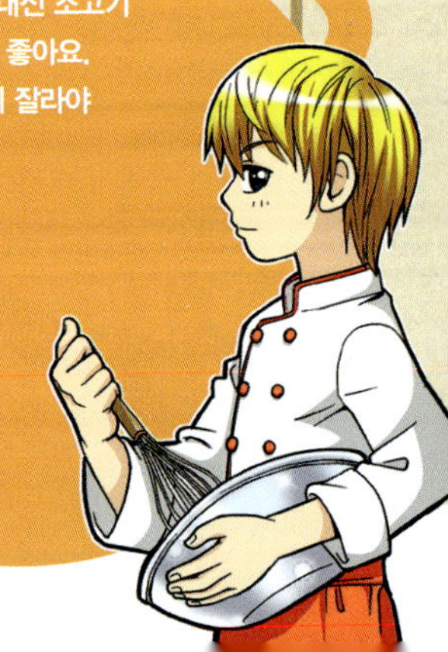

궁중의 별미, '선'

궁중 요리 중에 '선(膳)'이라는 음식이 있다. 임금님이 식사를 하기 전 입맛을 돋게 해 주는 요리로 궁중에서 즐겨 먹었다. 주로 채소에 칼집을 내고 쇠고기나 버섯을 넣은 뒤, 육수를 부어 익혀낸다. 주재료 이름 뒤에 '선'을 붙여 부르며, 대표적인 선 요리로는 호박선, 가지선, 오이선, 두부선 등이 있다. 선 요리는 얼핏 찜 요리와 혼동하기 쉽다. 실제로 전문가들도 찜 요리와 선 요리의 차이점을 명확하게 구분하기 어렵다고 말한다. 다만 주로 육류나 해산물 등 동물성 식품을 쪄서 만드는 찜 요리와 달리, 선 요리는 식물성 재료를 사용한다는 점이 다르다.

닭 가슴살로 건강 up!

두부선의 주재료인 두부는 단백질이 풍부해 고기 대신 섭취하는 경우가 많다. 그러나 두부 위주로만 단백질을 섭취하면 오히려 건강에 좋지 않을 수 있다. 두부에 들어 있는 단백질은 식물성 단백질로, 필수 아미노산이 충분하지 않고 몸에 흡수되는 비율도 낮다. 따라서 동물성 단백질을 함께 섭취해 주는 것이 좋다.

때문에 지방 함량은 가장 적고 단백질은 많은 닭 가슴살이 으뜸 재료로 꼽힌다. 특히 닭 가슴살에는 메티오닌을 비롯한 필수 아미노산이 풍부하게 들어 있어, 두부와 함께 섭취하면 부족한 영양소를 채우기에 안성맞춤이다.

韓食

제3화
한울이의
대활약

저희가 준비한
요리는 햄버거와
콜라입니다!

세계 어느 나라에서도
먹을 수 있을 정도로 많은
사람들이 좋아하지요.
전 세계 패스트푸드
판매량 1위~♬

그렇지!
하지만 햄버거는
원래 미국 음식은
아니었어요.
그래?

19세기 후반까지만 해도 미국 식탁엔 햄버거가 없었어요.
잘게 간 고기를 뭉친 독일식 음식 '그라운드 비프'가 있었지만 빵에 끼워 먹을 생각은 못 했죠.
짜·잔

그러던 운명의 어느 날!

꼭 저런 자세로 설명을 해야 합니까?
글쎄~.
1904년 세인트루이스 박람회 때 한 식당에 손님들이 너무 많이 몰리자…

급한데 그냥 고기를 빵에 끼워 넣어서 팔자.
뭐? 세상에 그런 음식이 어딨냐?

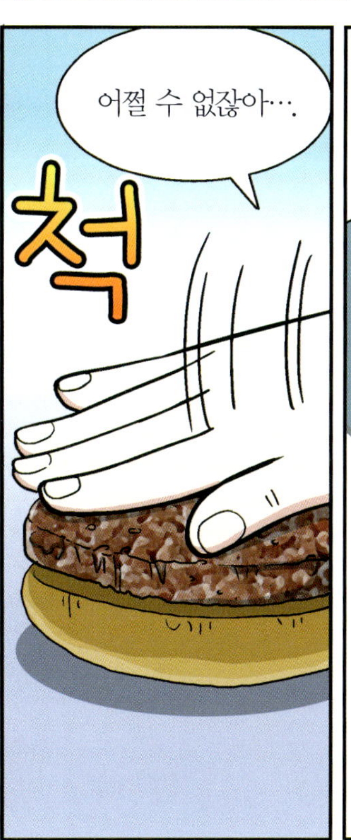

어쩔 수 없잖아….
척

와~! 맛있다! 이게 뭐야?
꿀맛~♬ 자꾸자꾸 먹고 싶어!
뭐?

하지만 이때까지도 햄버거라는 이름 대신 '햄버거 샌드위치'라고 불렀어요.
이후 유명 패스트푸드점에서 '햄버거'라는 이름의 메뉴로 소개된 뒤, 엄청난 유행을 일으키게 되지요.

이런 사연은 미처 몰랐네요.
그러게나 말이다.

그럼 이번엔 햄버거의 장점을 자랑해 보세요.

간단하게 만들 수 있어 바쁜 현대인의 한 끼 식사로 적당하며,
1더하기1은 귀요미 ♪

아이들 입맛에 딱 맞는 인기 간식거리입니다~!
2더하기2는 귀요미 ♬

오~, 귀엽다! 모두 맞는 말이에요~!
끄덕
끄덕

또 이동하며 먹을 수 있을 만큼 간편해요!
떡갈비는 이동하면서 먹기가 어렵지요?
파스

뭐, 뭣이라?
헐

그러니까 빠르고 간편하게 먹을 수 있다는 거네.
네, 맞아요!

다음은 한국 A팀, 장점을 말해 보세요.
네.
두근

떡갈비는 곱게 다진 갈빗살을 양념해 매우 치댄 뒤,
납작한 모양으로 노릇하게 구워 낸 음식이옵니다.

특히 힘줄과 기름을 제거해
이가 약한 어르신들이 드시기에
편하고 소화도 잘 된답니다.

흠, 그건
좀 전에도
설명한
내용이잖아!

아이고,
고놈 맛나다!

할머니, 많이
드시어요~!

어떡하죠, 제가
망쳤나 봐요.

아니야. 잘했어!

지금 양 팀
선수들 모두
실력이 훌륭해
승부를
가리기가
어렵네요.

이번엔 상대 팀
요리의 단점을
얘기해 보도록
하겠습니다.

한국 팀 요리의
문제점이라….

그건
간단하죠~!

만드는 데 시간이
오래 걸려요.

밥 먹기에도 바쁜 현대인들이 언제 떡갈비를 만들어 먹겠어요?
만들기도 복잡하고 이동하면서 먹기엔 더더욱 어렵지요. 안 그래요?
이 양반도 자꾸 같은 얘기만 반복하네….

이번엔 한국 A팀 차례!
그러니까…, 앗?
상대방의 요리에 대해 험담을 하는 건 싫지만 승부를 위해 어쩔 수 없지요.

이해해 주기 바랍니다.
꾸
벅

걱정 마. 우린 마음이 태평양처럼 넓으니까!
So cool~

좋아요, 그럼!
여러분 O-157균을 아시나요?

요리조리 과학 이야기

소량으로도 매우 위험한 O-157

O-157은 주로 소나 돼지의 장내에 살고 있는 대장균이다. 소와 돼지의 장에서는 아무런 반응이 일어나지 않지만, 만약 사람들이 이 균에 오염된 음식을 먹으면 식중독 증상이 나타난다. 배가 아프고 설사를 하며 변을 볼 때 피가 함께 나오기도 한다. 또 독소가 몸에 퍼지면 적혈구가 파괴되고, 생명이 위험할 수도 있다. 전염성도 매우 강해 짧은 시간 안에 널리 퍼질 수 있다.
1982년에 미국에서 햄버거를 먹은 후에 출혈성 설사를 하는 환자가 집단으로 발생했을 때 처음으로 알려졌으며, 우리나라에서는 아직 감염된 사례가 없다.
'O'는 균의 특성을 나타내는 독일어 'Ohen'의 첫 글자다. 대장균 중에서 157번째로 발견되었기 때문에 O-157로 불리게 되었다.

O-157 감염 예방법!

고기는 갈색이 되도록 완전히 익혀 먹는 게 좋아요. 또 요리를 할 때 조리 기구는 깨끗이 씻어 사용하고, 뜨거운 물로 소독하여 말려 보관해요. 냉장고에서 보관을 해도 신선도가 떨어지거나 세균에 오염될 수 있으니, 만든 요리는 빠른 시간 안에 먹는 것이 가장 좋답니다.

바로 햄버거입니다.
1982년 미국에서 사람들이 햄버거를 먹고 식중독에 걸린 사건을 통해 처음 알려졌습니다.

What?
(뭐라고?)

햄버거에 들어가는 고기인 패티는 다른 고기보다 O-157균에 감염될 위험이 상대적으로 높아요.
모든 햄버거 패티가 위험한 건 아냐!
맞아! 깨끗하게 관리한다고!

물론 그렇죠! 요즘엔 대부분의 햄버거 가게가 위생 기준을 지키고, 공공 기관에서도 정기적으로 검사를 하기 때문에 안전하지요.
그럼에도 불구하고 패티가 O-157균에 감염될 확률이 높은 이유는 뭘까요?

햄버거 패티는 소고기를 아주 잘게 갈아서 만들기 때문이에요.
만약 소를 도축하는 과정에서 실수로 소의 위장에 있던 O-157균이 조금이라도 섞이게 되면 고기를 잘게 갈 때 고기의 속까지 오염될 수 있거든요.
그, 그건 다른 부위 고기도 마찬가지일걸?
맞아. 갈아서 만든 고기가 더 잘 오염된다고 단정짓는 건 무리야.
일리 있는 말씀입니다. 하지만 갈아서 만든 고기가 좀 더 위험할 수 있다는 건 사실입니다.
실제로 그 위험성을 경고한 연구 결과도 있지요.

미국 콜로라도 대학교의 벨크 교수가 클레이톤 박사와 함께 1998년에 발표한 연구 결과에 따르면,
미국인들이 먹는 햄버거 패티 한 장에 평균 55마리의 소가 섞여 있다고 합니다.

가장 심한 경우에는 패티 한 장에 1082마리의 소가 섞인다고 합니다.

만약 O-157균에 오염된 햄버거로 식중독 사고가 생기면 어느 소 때문에 생겼는지 알 수가 없어요.
그래서 햄버거 가게에서는 오염된 고기를 발견하면 같이 포장돼 있던 고기를 전부 버려야 하죠.
도…, 도련님!

그, 그런 일이 자주 일어나진 않는다고….

하지만 100% 안전하다고 볼 수는 없지. 또 사람이 하는 일이기 때문에 실수를 할 수도 있고….

스…, 스승님.
왜?
세…, 세자 마마가 좀 이상하지 않나요?

세자 마마가 갑자기 똑똑해 보여요. 제가 왜 이러죠?

아직도 모르겠느냐?

마침내
세종대왕께서
깨어나고
계신다!

와우

오래
기다리셨습니다.
그럼 지금부터
16강전의
승자를
발표하겠
습니다.

8강전에 오를
승자는?

바로….

제발 떨어져라
떨어져라~!

한국 A팀 입니다!
와 아 와 와
Cooking st~
싫어, 정말!
만세!
만세!
와
세자 마마!
우리가 해냈어, 청아.
이렇게 좋은 날 왜 우니?
대결은 이제부터 시작이야.
와아아

제4화
오, 나의
생각시님

요리스타
세계 대회 첫 번째
8강 진출 팀은
한국 A팀입니다!

와아
와

세자 마마와 함께한
이 시간을 소녀는
천 년 만 년 잊지
못할 것이옵니다.

성은이
망극하오니이다!
가자~!
넙
죽

엉엉엉…

이건 너무 분해!
왜 한울이가 갑자기
똑똑해진 거야?
콩
콩

일어나!
이제 우리 차례란 말야.
이번에 이겨서 8강 가면 한국 팀끼리 붙는 거야.
벌떡
뭐? 한국 팀끼리 대결한다고?
턱
뭐 해? 어서 따라와!
응~!
그래! 이번에 우리가 이기면
8강전에서 내 손으로 청이를 끝장낼 수 있어!
오홍호호호
두 번째 16강전을 치를 팀들은 경기장에 입장해 주세요!
벌써 왔잖아요! 빨리 시작해요!

청이야,
축하해~♡
윤주야!
어디 있었어?
난 너무 떨려서
경기장 밖에서
TV로 봤어.
축하드립니다,
선배님.
대단하세요!
뭐 이쯤이야~.
조잘 조잘
배고프다.
어서 집에 가서
밥 먹자.

아차! 청이야,
너 그거 아니?

뭐?
선배님하고 너,
TV에 나와서 완전히
인기 스타가 됐어.

인기 스타? 그게 무슨 뜻이야?
오~빠!
사랑해요!
컥!
꺄
아
악

한울이 오빠! 사인해 줘요!
같이 사진 찍어요~!
꺅
꺅
오빠~, 잘생겼어요!
꺅

아니, 이렇게 예쁜 애들이 다 어디서 온 거야?
천국이 따로 없구나! 행복해~!

이게 꿈은 아니겠지?
좌
악

불여우들아!
저리 안 가?
이 분이
어떤 분이신데
옥체를 함부로
만지려고
그러느냐!
어머머?
왜 저렇게
화를 내지?
청이야,
왜 그래?

이러지 않아도
되는데….
아니옵니다!
아버님이 안 계시기
때문에 오늘 마마의
호위는 제가
하겠습니다!
뻑 물렀거라!

청이야, 네 팬들이나
신경 쓰라고! 흥!
네?

나의 사랑~♬ 너의 사랑, 심청이~♥
나의 사랑~♬ 너의 사랑, 생각시~♥
천사 생각시
척 척 척 척
미. 소. 천. 사.
생각시~♬
심쿵해~,
하트 뿅뿅뿅~♥
뎡~♥
매! 력! 만! 점!
생각시!

소…, 소도둑같이 생기신 이 양반들은 누굽니까?

안 되겠다! 청이야, 도망치자!
휘익

다다다
저 녀석이 우리 생각시를 데려간다! 우어어어어~!
잡아라! 저 놈을 잡아라! 우어어~!
워우~
워우~

끼이익

여기야! 어서 타!

탕
탕
우 워 어 어
미 소천사~생각시
청이
짱!
♥생각시♥
부 우 웅-
탔어요!
출발~!

청이야,
괜찮니?
정신차려 봐!

으아아앙~,
도련님!
무서웠어요!

덜
덜 덜
전 소도둑들한테 보쌈
당하는 줄 알았습니다.

히히~!
많이 놀랐구나?

전통 한정식
수
라
간

 요리조리 과학 이야기

건강하게 물 마시는 방법

우리 몸은 70%가 물로 이뤄져 있다. 물을 마시면 30초 안에 피로 흡수되고, 1분 안에 뇌까지 이동한다. 40분이 지나면 몸 전체를 한 바퀴 돌아 몸 구석구석 가지 않는 곳이 없다. 이렇듯 물은 우리 몸 안에서 다양한 대사 활동에 관여하는 중요한 물질이다. 따라서 음료수가 아닌 깨끗한 물을 마시는 습관을 갖는 게 중요하다. 하지만 물을 무작정 많이 마신다고 몸에 좋은 것은 아니다. '건강하게 물을 마시는 방법'을 배워보자.

출처 : 건강보험심사평가원

스승님, 세자 마마는 방금 잠자리에 드셨습니다.
너도 앉거라. 내가 오늘 할 얘기가 있다.
그래, 수고했다.
험험~! 내가 오늘 같은 일이 생길까 염려되어
식당을 할 때도 일부러 음식 솜씨를 뽐내지 아니하였던 것이다.
뻥
에이~, 그건 아니지요! 스승…
캑! 마…, 맞습니다.
무슨 일이 있어도 세자 마마의 존재를 들켜서는 안 된다!
첫째도 입조심, 둘째도 입조심, 천 번 만 번 입조심해야 한다.
분부 받들어 모시겠사옵니다.

걱정이구나.
무사히 요리 대회가
끝나서

조선 의궤를 되찾고
세자 마마도 조선 시대로
보내 드려야 할 텐데….

소녀, 목숨 바쳐
그리 하겠사옵니다.

….

어머니….

아버지….

와
와
와아
요리스타
요리스타
세계 대회
8강에 진출할
두 번째 팀은….

한국 B팀
입니다!
오호호~!
오호호~!
오호호~!
오호호~!

그렇다면
8강전에서는
한국의 두 팀이
대결을 벌이게
되겠군요!

추…, 축하드려요!
선배님.
됐고!

너, 청이 좀
불러와!

만약…
내 말을 듣지
않으면…;
다 얘기할 거야!
생각시 비밀은 물론
항아리 얘기까지!
네?

제5화
어설픈
제보자

휘
이
잉

무슨 얘기를
하려는 거죠?
왜 자꾸
저와 윤주를
미워하세요?
미워하는 데
이유가 있니?
내 맘이지!

비밀을 얘기한다고
하니까 한걸음에
쪼르르 달려왔군?

너도 들어서
알고 있지?
…

8강전에서 너하고 내가 대결하게 됐다는 거!
네, 들어서 알고 있습니다. 정정당당한 승부 바랄게요.

뭐? 정정당당?
정말 웃기는 애네?

좋게 말할 때
기권해!

네?
어차피 네 실력으로는
나하고 윤호를 절대 이길 수 없을 테니까!
괜히 한울이까지 망신 주지 말고!

길고 짧은 것은 대 봐야 아는 것 아닐까요?
감히 하늘 같은 선배님한테!
이럴 때는 '네, 선배님' 하고 양보하는 거지!

어림없는 소리 마세요!
푸훗
넌 정말 말로 해서는 안 될 녀석이구나!

내가 사람들한테 네 비밀을 다 얘기할 거야!

항아리 얘기까지 확 말해 버린다?
너 자꾸 속담으로 얘기할래?
이건 또 무슨 자다가 봉창 두드리는 소리?

그리고 학교에 윤주랑 네가 나쁜 애라고 소문낼 거야!
친구 한 명도 없이 외톨이로 지내게 해 주마!

지렁이도 밟으면 꿈틀합니다!
으으으~, 지렁이라니. 징그러워라!

'가는 방망이, 오는 홍두깨'라는 말도 있지요.
홍두깨가 뭐?

청이야, 괜찮겠어?
그럼, 당연하지.
어떤 협박도 무섭지 않아!
우아~, 청이야 정말 대단해!
조선 시대에서 온 생각시가 맞는 것 같아.
그래서 오늘부터 결심했는데….
할머님이라고 부를게요.
그동안 반말해서 죄송합니다.
아아 그러지 마!
꾸벅

홋~, 농담이야.
이건 내 선물!
엿

엿이네?
응. 엿처럼 '척' 하고 붙어서 우승하라고!
와~, 딱 붙으라고 엿을 선물하다니 재미있다.
요즘은 엿이 그런 의미로도 쓰이는구나.

요리조리 과학 이야기

왕의 '브레인푸드', 엿!

세종 대왕과 인조, 정조 등 조선 시대 왕들은 평소 엿을 즐겨 먹었다고 한다. 새벽에 눈을 뜨자마자 조청(물엿) 두 숟가락을 먹은 뒤 공부를 시작했을 정도다. 이렇게 엿을 챙겨 먹은 이유는 한 나라를 책임지고 다스리는 중대한 일을 하는 만큼 두뇌를 활발히 사용했기 때문이다.

실제로 뇌를 많이 사용할 때 엿의 당분을 섭취하는 것은 매우 효과적인 방법이다. 뇌의 무게는 몸 전체의 2%에 불과하지만 에너지 소비량은 20%나 된다. 이 양은 몸의 근육 전부를 사용하는 것과 비슷한 양이다. 이때 뇌가 소비하는 에너지의 근원은 포도당이다.

엿의 단맛을 내는 맥아당은 포도당 두 개가 합쳐진 것으로, 포도당과 과당으로 이뤄진 설탕보다 포도당의 양이 두 배나 많다. 포도당은 과당보다 흡수 속도가 빨라 먹는 즉시 두뇌 활동을 활발하게 해 주는 역할을 한다. 따라서 뇌를 많이 써야 할 때는 엿을 먹는 게 도움이 된다.

《영조 실록》을 보면 '과거 시험을 치르는 유생들이 저마다 엿을 하나씩 입에 물고 시험장에 들어갔다'는 기록이 있다. 미리 당분을 섭취해 시험을 보는 동안 뇌를 좀 더 활성화시키려는 선조들의 지혜가 아니었을까?

며칠 후
수라간

쓱 쓱

시끌벅적 왁자지껄

할머니! 문 좀 열어 주세요!

청이, 한울이 학생 있지요?
인터뷰하러 온 기자입니다!

기자가 인터뷰를? 이, 이런… 올 것이 왔구나.
앗, 방금 누가 절 찾지 않았나요?
기자래요? 세상에~! 내가 이렇게 유명해지다니!

얼른 가서 문 열어 줘야지~!
청아! 막아라!

예~, 할머니.
이리 오셔요!
냉큼 방 안에 숨겨라!
콰
악
캑!

휙

쾅
쾅
쾅

왜…, 이러지…?
가만히 계십시오!

청이랑 한울이는 여기 없다니까!
…:

에이~. 할머님, 저희를 속이시려는 거죠?
오늘은 일요일이라 학교도 안 갔을 테고요. 여기 있죠?
이러지 마시고 불러 주세요~.
인터뷰만 할게요!
씰룩
씰룩
씰룩
이 녀석들! 욕이나 한바탕 해서 쫓아내야겠군!
씰룩
아이 참, 이거 어쩔 수 없군.
그럼 할머니께 여쭤 보겠습니다.
뭘?
청이라는 아이에 대해 제보가 있었는데요.

청이가 조선 시대에서 온 생각시라고 하더군요.
이게 사실이라면 굉장한 일인데요. 사실입니까? 할머니께서 답해 주세요.
덜
덜
덜
조선 시대 생각시가 어쩌고 어째? 어떤 고기 먹다가 혀 씹을 녀석이 그런 말을 해?

저요!
제가 바로
그 제보자예요!
다들 모여
계셨군요.
파
아
여기
그 증거도
있지요.
하하하~!

증거가 있나요?
어디 한번
들어 봅시다!
그러죠!
웅성
웅성

할머니 집 항아리가
조선 시대로 통하는
통로라고 했죠?

응 맞아. 하지만
누구한테도
말하지 마!

덕팔이 이놈!
나 이제
착하게 살기로
약속했단 말이야.
걸리면 혼나!

짜잔~, 여기 보세요. 이게 바로 제가 말씀드린 그 항아리입니다!

특종이다~! 얼른 찍어!

제가 들어가고 나서
'하나 둘 셋' 하고
뚜껑을 여세요!
하나!
둘!
셋!
1 2 3
스르릉~
…
이, 이상하다?
아무래도 옆에 있는
항아리인가 봐요.
껌뻑
껌뻑
껌뻑

하나, 둘, 셋!
어머머, 이것도 아니네.

자, 다시 하나!
둘!
셋!

이것도 아닌가 봐요….

여기도.
여기도.
쑥
쑥
쑥
여기도.
설마 고추장이 있는 이 항아리는 아니겠죠?
할머니 어떤 거예요?

화
아
악

이놈들! 얼른 안 가!
가지 않으면 방귀 뀌다 똥 나오게 해 준다!

제6화

위기와 기회 사이

후 다다다닥

어디 메주 맛 좀 봐라!

도망가자! 원조 욕쟁이 할머니다!

아야~!

가연이! 너도 이제 오지 마!

조그만 녀석이 앙큼해 가지고!

작다뇨! 제가 할머니보다 키가 훨씬 크거든요?

그리고 청이가 있는 한 전 계속 올 거예요!

콩

학생~, 괜찮아?

아이고 더러워라.

하필 개똥 위에 넘어졌네….

고~얀 놈들!
탁
탁

이제 그만
나오너라!

···
?
?

8강전을 앞두고
이 할미가 특별히 너희를
공부시켜 주마.
감사하옵니다.
으윽!
또 공부예요?

앞에 있는 요구르트를
하나씩 살펴보거라!

홀
짝

푸
학

우웩~! 퉤퉤퉤!
할머니, 이거 맛이 왜 이래요?

하나는 아주 새콤하고 달달해서 맛있어요.
반면 다른 하나는 상한 듯 코를 찌르는 냄새가 납니다.

맞다. 그렇다면 두 개의 맛이 왜 다를까?
유통기한이 지났잖아요!
썩었어요!

옳거니, 정답! 하나는 발효가 되었고 다른 하나는 부패가 된 것이다.
그렇다면 발효와 부패의 차이점은 뭘까?

발효!
부패?
지금부터 내 설명을
잘 듣고 상상해 봐라.
우리는 지금 동물원에 와서
호랑이를 보고 있다.

그럼 호랑이의
줄무늬를 보며
정말 멋진
동물이라고 하겠지!
어훙
콩
그런데 호랑이가
우리에서 뛰쳐나와
사람들을 마구
공격한다면?
걱정 없어요.
청이가 100년 묵은
산삼의 힘으로
물리쳐 줄 거예요.

이놈~!
장난치지 말고
공부에
집중하거라!

요리조리 과학 이야기

발효와 부패, 차이점은?

발효와 부패는 모두 '세균과 효모, 곰팡이' 같은 미생물들이 탄수화물과 단백질 등을 분해하는 과정이다. 그러나 어떤 물질을 만들어 내느냐에 따라 두 현상을 분류할 수 있다. 발효는 김치나 유제품처럼 몸에 좋은 물질을, 부패는 독처럼 몸에 해가 되는 물질을 만드는 것이다.

예를 들어 바실러스 균이 젖산을 만들면 맛있는 요구르트를 만들 수 있다. 식빵이나 술, 간장, 된장, 치즈, 요구르트 등은 모두 발효의 원리를 이용한 식품들이다. 반면에 고초균 같은 일부 미생물은 퀴퀴한 냄새를 만들어 음식의 질을 떨어뜨리고 식중독을 일으킨다.

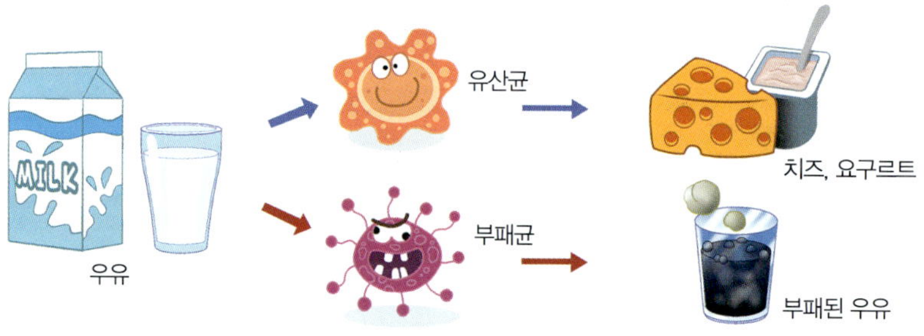

자, 오늘은 여기까지!
내일 대회를 위해
일찍 자거라.
네,
할머니!

피곤하지만 조금 더
공부하고 자야겠다.

우리 세자 마마는
기특하기도 하시지.
청이야, 우리는
그만 자자.
예~.

팔똥 팔똥

할머니?
오냐.
말하거라.

곰곰이 생각해 보니 사람도
비슷한 것 같습니다.

힘든 일을 만났을 때 어떤 이는 세상을 미워하고 남 탓만 하는데…
흥, 지금 내 얘기 하는 거야?
청이
이게 다 너 때문이야! 몰라?
또 다른 이는 부족한 점을 찾고 노력해 위기를 기회로 바꾸지요.
탄소는 'C'!
규소는 'Si', 인은 'P'!
그렇다면 저는….
저는 잘하고 있는 걸까요?
슈웅
퍽
아이고 배야!
와아
와
음냐 음냐~. 이런 양치하다가 사레들릴 놈…, 음냐….

요리스타
세계 대회를
시청하시는
여러분!
오늘은 예선을
거친 8팀이
대결을 벌이는
날입니다!
와아아
와아

방금 전, 8강전
첫 번째 경기가
끝났습니다.
대기실

승자는 바로
프랑스 팀입니다!

역시 채민이구나.
대단해~!
흥~, 뭐가
대단해? 내가
볼 땐 파트너가
대단한 실력자
같은데….
탁

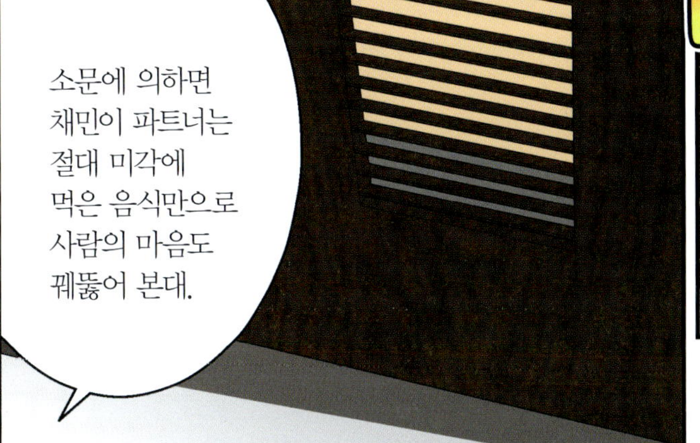
소문에 의하면
채민이 파트너는
절대 미각에
먹은 음식만으로
사람의 마음도
꿰뚫어 본대.

어? 이게 뭐지?
앗…!
이, 이건…
그게 뭔데? 왜 그래?
8강전 과학 문제 정답은?
"85℃"
이게 정답이라고?

탁 탁 탁

휙
휙

아…, 아무도 없지?
응.

이게 정말 정답일까?
누가 놓고 간 거지?

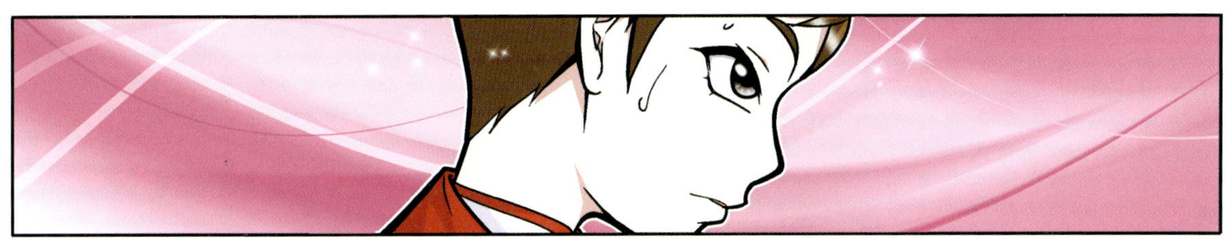

이 사실을 심사 위원들에게 말해야 돼.
정답이든 아니든 상관없어.

당연히 청이랑 한울이한테도….
아니, 난 반대야!

이거 왠지 진짜 정답일 것 같아.
누군가 우리에게 일부러 알려 준 거라고!
그러면 더더욱 알려야지. 이렇게 친구들을 이기면 뭐해?

친구? 누가 친구래?
한울이는 몰라도 얄미운 생각시는 내 친구 아냐!

파르르
너, 나 좋아하지? 그럼 날 도와줘. 그래야만 해!

난 정말 청이를 이기고 싶어.
수단과 방법 따위는 중요하지 않아.
꼬옥
…!

오래 기다리셨습니다. 그럼 지금부터 요리스타 세계 대회 8강전 두 번째 경기를….
와 아 아
와 아

시작하겠습니다! 양 팀 선수들 무대 위로 올라오세요.
와
와

먼저 인사하세요!
윤호야, 안녕!

열심히 하자…. 엥?

한울아, 미안하다.

오늘은 내가 널 이겨야겠다!

정혜정 선생님의 요리 교실

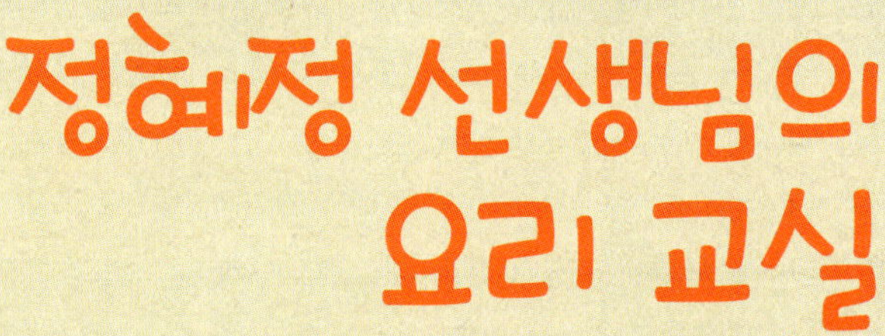

치즈와 요구르트, 낫토 등 전 세계에는 다양한 발효 음식이 있어요. 하지만 뭐니 뭐니 해도 발효 음식이라고 하면 한국의 된장이 빠질 수 없죠. 이탈리아 대표 음식인 리조또에 된장을 소스로 한 동서양 퓨전 요리를 만들어 봐요!

된장 리조또

재료 보리쌀 1컵, 양파 1/2개, 애호박 1/2개, 바지락 300g, 표고버섯 10개, 마늘 5개, 된장 3큰술

❶ 바지락은 소금물에 30분 이상 담가 해감을 한다. 다른 접시로 덮어 어둡게 해 준다.

❷ 표고버섯은 기둥을 떼고 애호박은 씨를 제거한 뒤 굵게 자른다. 마늘과 양파는 잘게 다진다.

❸ 잘라 낸 표고버섯 기둥과 애호박 씨 그리고 바지락을 물에 한꺼번에 넣고 끓여 육수를 만든다.

❹ 굵게 자른 표고버섯과 애호박을 살짝 볶는다.

❺ 팬에 기름을 두르고 양파와 마늘을 볶다가 보리쌀을 넣는다. 육수를 부어 가면서 보리쌀이 익을 때까지 볶는다.

❻ 된장을 넣고 마지막에 볶은 버섯과 애호박, 육수를 내고 건진 바지락을 넣으면 완성!

잠깐!

▶ 바지락을 오래 삶으면 조갯살이 질겨지므로 육수가 끓은 뒤 10분을 넘기지 않는 게 좋아요.

장수 비결, 된장!

된장은 콩으로 만든 메주에서 간장을 짜낸 뒤, 남은 건더기를 숙성시켜 만든 전통 발효 음식이다. 주로 쌀과 채소를 먹던 선조들이 단백질을 보충하는 데 있어 매우 중요한 역할을 해 왔다.
된장에는 콩에 들어 있는 영양소뿐 아니라 발효를 돕는 고초균과 유산균 등의 발효 미생물도 들어 있다. 이 균들은 몸 속에 유해한 세균을 억제하고 피로 해소를 도와 면역력을 높여 준다. 실제로 우리나라 장수 노인의 90% 이상은 하루 한 끼 이상 된장 음식을 먹는 것으로 조사됐다. 최근에는 된장이 암 예방에 중요한 역할을 한다고 알려지면서 더욱 주목받고 있다.

해감할 땐 짜고 어둡게!

바지락을 이용한 음식을 만들 때 가장 먼저 해야 할 일은 해감이다. 해감은 바닷물에 사는 바지락 등의 조개 속에 있는 모래나 뻘 등의 찌꺼기를 스스로 뱉어 내게 하는 일이다. 해감이 잘 되지 않으면 맛있는 음식과 모래를 같이 먹는 경우가 생긴다.
효과적으로 해감하기 위해서는 물에 소금을 넣고 어두운 환경을 만들어 줘야 한다. 그래야 바지락이 바다 속에 있다고 착각해서 모래를 더 잘 뱉는다. 해감을 할 땐 물 1ℓ에 굵은 소금 35g 정도를 넣어 바닷물과 비슷하게 염도를 맞춰 주는 것이 좋다. 또한 뱉은 모래를 다시 먹지 않게 체를 받쳐 줘야 한다.

제7화
스포일러
휙

안녕하십니까?
꾸벅
오냐!

하여간 인사 하나는 잘한다니깐….
8강까지는 운 좋게 올라왔네!
뭐? 네가 말 안 해도 열심히 할 거거든? 완전 열심히!

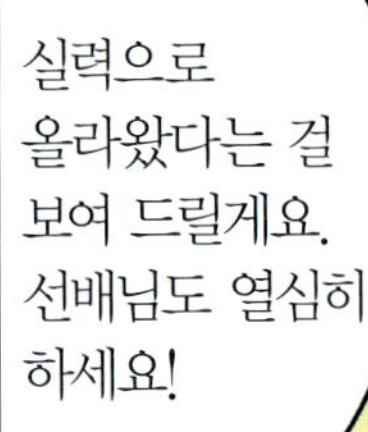

실력으로 올라왔다는 걸 보여 드릴게요. 선배님도 열심히 하세요!
그러니 걱정 마! 분명 우리가 이길 거야!

왜 이렇게 화를 내지?
내가 얼마나 열심히 준비했는데!
이런 쪼끄만 게 누구보고 열심히 하라고 참견이야~!
그만해.

청이야, 아무래도 오늘 가연이랑 윤호가 이상해.
가연 선배는 원래도 이상한데 오늘 유난히 더 이상한 것 같사옵니다.

자~, 양 팀 모두 자리에 서 주세요.
지금부터 요리스타 세계 대회 8강전 대결을 시작하겠습니다!
와
와아
미스터리 박스를 열어 주세요!
앗!

짠~

이게 뭐지? 요리 재료가 없는데?
그러게요. 진짜 아무것도 없네요.

하하하~! 요리 재료가 없어서 모두 놀라셨나요?
하지만 오늘의 과학 문제는 바로 이 냄비와 물에 있습니다.

가스레인지에 냄비를 올리고 불을 켜 주세요!

탁

인간은 500만 년 전부터
지구에 살면서 생활을
편리하게 해 줄 도구를
만들어 왔습니다.
그중에서도 역사를
바꾼 가장 큰 사건은
불의 발견입니다.

불을 자유자재로
사용할 수 있게
되면서 인간은 자연
그대로 먹던 음식
재료를 불에 굽거나
익혀 먹게 되었지요.

요리 과정을
과학적인
관점에서 본다면
불에 익히는 과정은
어떤 의미일까요?

음식 재료가 갖고 있는 수분을
증발시키는 현상입니다.

하지만 대결 문제는
아니었습니다.

재료에 수분의 양이 많을수록
낮은 불로 오랫동안 익히고,
수분이 별로 없으면 강한 불에
빨리 익혀야 합니다.

척

오~, 정답!

그래요?

예를 들어 스테이크는
부드럽게 먹을 수 있도록
강한 불에 겉만 빨리 익혀
육즙이 고기에 남아
있도록 합니다.

또 갈비찜이나 곰국처럼
뼈나 고기의 육즙을 충분히
빼내야 하는 요리는 약한 불로
오랫동안 가열하지요.

이봐, 한국 B팀! 지금 전 세계의 어린이들이 TV로 보고 있어.
아무리 대결이라도 상대 팀 참가자에게 최소한의 예의를 지켜 달라고!

흥! 대결 상대한테 예의는 무슨!
심사 위원 아줌마, 전 그딴 거 관심 없어요.
이 녀석이 진짜….

좋아. 그럼 바로 문제를 내 주지!
조금 전 가스레인지에 올린 냄비 물이 끓기 시작했죠?

김이 나기 시작하고!

꿀꺽~

물이 조금씩 일렁이다가 기포가 뽀글뽀글 올라오는데…!
뽀글
뽀글

이때 물의 온도는
몇 도일까요?

이게
문제인가요?
예! 아주
간단하죠?
쉽고!
…

간단하고 쉬운
문제라고요…?

벅벅벅
으아아! 이게
뭐가 쉬워요?
온도계도
없는데 끓는
물의 온도를
어떻게 알아요!
온도계? 그게
무엇인가요?
펑~

으으으…. 모르겠다!
꼭 시험 문제는 안 본 페이지에서 나와!
콩
콩 콩
내 말이 맞지? 아까 그게 진짜 정답이라니까!
탁
8강전 과학 문제 정답은
"85℃"
제한 시간은 1분입니다. 팀원과 상의해서 1분 뒤 답을 적어 주세요!
후후훗~!
어떻게 한 거야? 너 정말 대단한데!

내가 괜히
전교 1등이겠니?

요리만
잘하는 게
아니라 시력도
좋고 눈치도
빠르다고!

심사 위원들의
휴대전화를 살짝
엿봤는데 마침
거기에 8강전 시험
문제가 있었어!

그래. 그런데 넌 왜
나를 도와주지?

그래서
윤호한테
가르쳐
줬지.

이렇게
했는데도
지면 정말…

내가 언제?
난 나를 위해서
이런 거야.

저 꼬마
생각시보다는…

가연이가
대결하기에 훨씬
만만하거든.

피식

오호호!
호호호!
그렇구나!

호호호!
히히히!

앗, 뜨거워!

위험합니다!
수증기가 얼마나
뜨거운데요!

※ 절대 따라하지 마세요!

그럼 어떡해…
하나도
모르겠는데…

모르면 모르는
대로 쓰세요.

이리 주세요.
소녀가 쓰겠습니다.

그래.
잘 찍어 봐!

그런가요?

※ 물이 뜨거워지는 온도
• 수증기가 생기고 손을 댔을 때 약간
  뜨거운 온도 : 55℃
• 물이 조금씩 움직이고, 일렁이기
  시작하는 온도 : 70~80℃
• 바닥에서 작은 물방울들이 올라오기
  시작하는 온도 : 85℃
• 물이 끓기 시작할 때 온도 : 100℃
• 소금을 넣은 물이 끓는 온도 :
  103~105℃

바쁜 주방에서
조리할 때마다
온도계를
쓸 순 없지.

역시 8강전
문제답구나.
꼭 알아 둬야
할 내용이지.

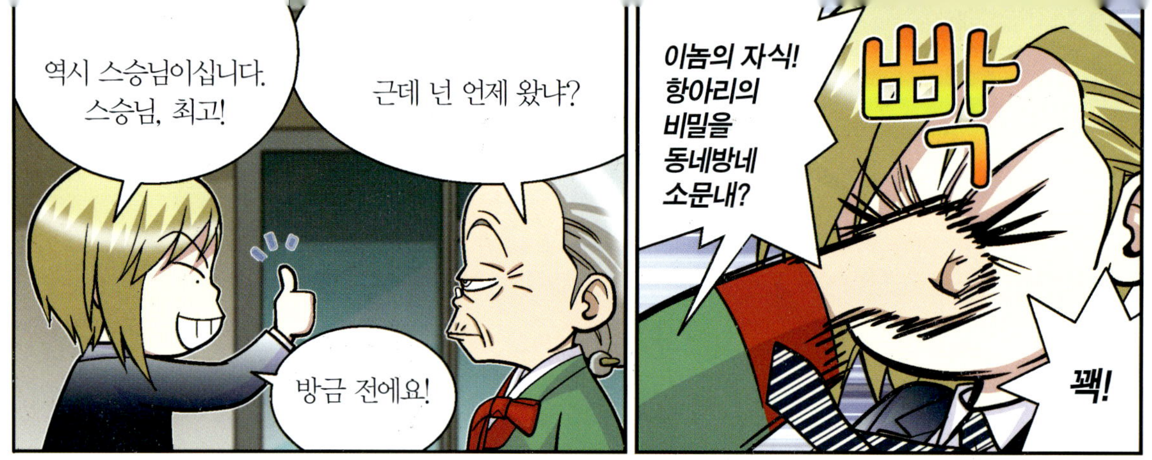
역시 스승님이십니다.
스승님, 최고!
근데 넌 언제 왔냐?
방금 전에요!
이놈의 자식!
항아리의
비밀을
동네방네
소문내?
빡
꽉!

쓱쓱

♪~

훗, 다 썼지?

10초 끝!
이제
정답을 들어 주세요!
八十度
그게 뭔가?
80℃ 입니다.
땡! 정답이 아닙니다.
틀린 거 알고 있었지?
흐흑~, 이럴 수가….
에잇!
털썩
다음은 한국 B팀!
척
저희가 쓴 답은 이겁니다!
앗!

제8화
고진감래
이번 문제
정답은?
85°C
85°C
입니다!
딩동댕
정답!
한국 B팀이
정답을
맞혔습니다.
먼저 1승을
거두며 대결에서
유리해졌습니다!
와아
와
와

꺄아악~! 윤호야, 잘했어!

한울아, 청이야···.
정말 미안해.

나, 양심을 버리고
가연이를 선택했다!

아이 참···.

걱정 마!
아직 끝나지
않았어.
다음 대결은
꼭 이기자!

끄덕
끄덕

그럼요. 고진감래라
하지 않습니까!

간절히 원하는 것은
고생 끝에 어렵게
얻어야만 그 가치를
알 수 있답니다.

맞아.
청이는 항상
씩씩하구나.

이제 8강전
두 번째 대결을
시작합니다.
선수들 다시
모여 주세요!
와
와아
와아아
요리스타
WORLD

할머니~!

앨버트구나!
몸은 좀 괜찮니?
네, 많이
좋아졌어요!

아직 시작 안 했죠?
저도 보고 싶어서요.

그럼 두 번째
대결 문제를
열어 주세요.
단맛 &
Dessert

디저트는 식사 후에 먹는 메뉴야!

하하하!
호호호!
꺄하하!
디저트가 주제라고?

저 녀석 허파에 바람이 들었나. 왜 저리 웃지?
그건 아마도…

특히, 케이크…
가연이가 학교에서 제빵을 잘하기로 유명하거든요.
특히 디저트는 엄청 잘 만들어요. 그래서 지금 자신 있어 하는 것 같아요.

제가 청이를 도와줘야 하는데…
아…, 배 아파. 화장실 좀 다녀올게요!
너희들 대결 계속할 거야? 지금이라도 포기하시지!
뭐라고?
무슨 그런 말씀을 하셔요!

대결하기 전부터
이러면 안 되죠!
자리로 돌아가세요!
빠직
빠직
아직 문제도 다 안 나갔어요.
끝까지 들어 보세요!
뭐?

이번 요리 경연은
디저트 만들기입니다.
하지만 디저트라고
다 같은 건 아니죠.
건강한 단맛을 내는
디저트를 만들어
주세요!
단
단
맛

우리가
엄마 배 속에
있을 때부터
단맛을 느끼고
좋아했다면 믿을 수
있겠습니까?
배 속에 있을
때부터?

맛을 느낄 수 있는 맛봉오리는
태아가 8주가 됐을 때
처음 생겨나고, 3개월 정도가
되면 입속 전체로 퍼져요.
이때부터 태아는 맛봉오리로
양수의 맛을 느낄 수 있고,
미각도 점점 발달하지요.

양수에는 엄마가 먹은
음식의 맛과 냄새가 들어 있어요.
그런데 양수에서
어떤 맛이 나느냐에 따라
태아의 반응도 달라집니다.

태아는 양수에서 단맛이 많이
느껴질수록 입을 더 많이 벌리고
활발하게 움직입니다.
인간이 단맛을 좋아하는 것이
본능이라는 걸 알 수 있지요.

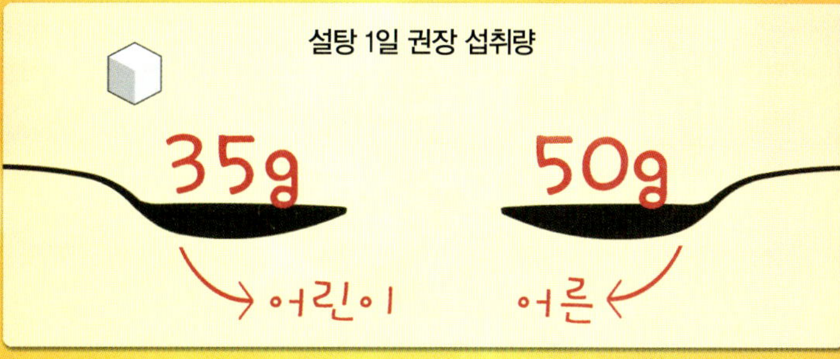 요리조리 과학 이야기

설탕 섭취량을 줄여라!

국제 보건 기구(WHO)가 정한 어린이의 하루 권장 당분 섭취량은 35g 이하다. 하지만 식품 의약품 안전처가 2010년 발표한 조사 결과에 따르면, 실제 우리나라 어린이들은 하루에 평균 69.6g의 당을 섭취하고 있었다. 어른의 하루 권장 당분 섭취량인 50g보다도 13%나 많은 양이다.

성장기 어린이들이 당분을 과다하게 섭취하면 건강을 해칠 수 있다. 몸속에 당분 양이 많아지면 칼슘이 몸 밖으로 빠져나와 근육과 뼈가 제대로 성장할 수 없다. 게다가 치아가 쉽게 썩고 비만이 될 확률도 높다.

그런데 최근 어린이들이 주로 먹는 캐릭터 음료와 탄산 음료에 당분이 많이 들어 있어 건강을 해칠 수 있다는 사실이 확인됐다. 오렌지 향 탄산 음료는 한 캔, 캐릭터 음료는 두 캔만 마셔도 하루 권장량보다 훨씬 많은 당분을 섭취한다는 것이다. 따라서 건강을 위해 음료수는 하루에 한 캔 이하로 적정량만 먹는 게 좋다. 또한 평소 식품을 선택할 때 당분 함량과 당분의 종류를 확인해 보는 습관이 필요하다.

설탕 1일 권장 섭취량

설탕 중독 과정

뭘 챙기지?
나만 믿어! 디저트는 자신 있어!

제한 시간은 1시간! 창고에서 재료를 챙겨 오세요!
와아
와
와 아아
Cooking sta

좋은 생각 있으신지요?
글쎄…

우유!
달걀! 설탕! 생크림!
바닐라 에센스!
다크 초콜릿! 카스텔라!

가연아~, 난 다 챙겼어.
나도! 빨리 가자!

탁
탁
한국 B팀 빠릅니다! 벌써 재료를 챙겨서 나오는군요!

결과는 빤하네.
난 가서 좀 쉴래.

훗!

한국 B팀,
바로 조리를
시작합니다!
한국 A팀은
뭐 하고 있는
걸까요?

아함~,
피곤해.

우리도 가자.
이제 조선 시대에서
온 생각시를
맞이해야지.

예! 아. 가. 씨!

이이이…!

야! 김가연!
생크림을
다 가져가면
어떻게 해!
이건
반칙이야!

진정하세요~,
도련님.
우리가 한발
늦은걸요….

아이 참~!
그럼
어떡하지?
잘은 못해도
케이크를
만들려고
했는데…!
두리번
두리번

천지신명님….
어머니,
도와주시어요.
앗,
저것은?

어머니, 왜 저 마지막 감은 따지 않으시나요?

까치밥이기 때문이란다.
까치밥이오?

추운 겨울에 먹이를 찾지 못한 까치나 다른 새들을 위해 남겨 놓는 거란다.
아하~, 그렇군요.

그래, 이거야!
어머니, 생각났어요!

제9화
차가워져라~
차가워져라!

초콜릿 커스디드 미니 케이크로 할까? 아니면 딸기 타르트?
음…;
생초콜릿으로 만든 프랑스식 수제 케이크는 어때?

어떤 게 좋아?
네가 좋아하는 것으로 하자.
OK~, 고마워!

흠….

아무리 생각해도 뭘 만들지 모르겠어…
나 혹시 바보가 아닐까?
휘 이 잉
앗, 추워! 청이는 저기서 뭐 하는 거지?
후잉
청아?
씨 익

빨리! 더 빨리!
으아아! 팔이 떨어져 나갈 것 같아!
역시 한국 B팀은 초콜릿 케이크군.
힉
힉
힉
많이 만들어 본 솜씨예요.

채칵
채칵
채칵
46:15
31:36

한국 A팀은 뭘 하는 거지? 이제 30분밖에 남지 않았는데 아직 시작도 못 했어.
무슨 일이 있는지 가 봐야겠어요.

혹시 창고에서 울고 있는 거 아냐?
포기한 거나 마찬가지군! 아이 고소해라!
아이고~ 어머니!
실력도 없이 덤벼서…
역시, 가연이다
…

한국 A팀! 어디 간 거야?
진행 요원 좀 불러 봐!
저…, 저희…
여기 있어요…!
두리번
두리번

!
한국 A팀, 냉동실 앞에서 뭐 하고 있어? 디저트 안 만들어?
덜
덜
덜

포기하는 건가요?
아뇨!

나머지 한 명은? 앗!
끼이
ㅇㅇㅇ…, 추워.

디저트…, 다 돼 갑니다!
덜 덜 덜

뭐라고? 냉동실 안에서 디저트를 만들었다고? 무슨 소리야!

어디 한번 열어 보자!
끼잉 끼잉
끼잉
아니 되옵니다! 아직이에요!
열지 말아요!
끼잉
좀 더 차가워져야 한다고요!

후
익
으아악~!
한국 A팀 3점
감점할 거야!

재깍
재깍
재깍
15:00
13:46

와
와
와아
남은 시간
3분!
만든 음식을
접시에 담아
주세요.
한국 A팀은
여전히
보이지
않는군요.

스승님!
할머니!
시끄럽다, 이놈들아!
청아, 대체
뭣 하느냐….

1분!
음식을 내
주세요!
벌써 1분?
아이고
속 터져…
컥컥
스승님!
할머니!

te. Chocolate.

와아~!
프랑스식
수제 초콜릿
케이크야!

초콜릿과
생크림의
황금 콤비!

이건
말 그대로
먹을 수
있는 예술!

와
와아

다음은
한국 A팀!
결국 포기하는
건가요?

아니요!
여기
있습니다!

덜 덜

덜

덜 덜

와아
와
한국 A팀 종료 3초 전에 요리를 내놓습니다!
한국 A팀이 만든 디저트는?

아이스 홍시!
스승님! 정신 차리세요!

고작 아이스 홍시?
지금 장난하니?

그래서 여태 냉동실 앞에 있었어?
꼬맹이 아이디어지?
으…, 춥다 추워~!
꽁꽁 얼었나 봐.

양 팀 선수들! 이제 만든 음식에서 물러나 주세요!
지금부터 시식을 하겠습니다!

언 거 아냐?
얼지는 않았어요.

나낙

이건!

한울아, 청이를 믿은
네 잘못이야.
안됐지만 우리가 이겼어.

뭐야? 하나도 달지가 않잖아.
내가 분명 단맛을 심사한다고 했을 텐데….

네에? 그…, 그럴 리가요!
저희가 설탕을 얼마나 넣었는… 데요.
소곤
소곤

이런, 미안. 아이스 홍시를 먹고 입을 헹구지 않았구나.
아이스 홍시의 단맛이 워낙 강해서 못 느꼈나 보다.

그게 무슨 말씀이세요? 어떻게 홍시가 케이크보다 더 달 수 있습니까?
원래는 홍시보다 케이크가 더 달지!
그런데요?

홍시를 차갑게 하면
단맛이 훨씬 강해지지!
달콤
달달
~♬
네에?

차가워져라~!
차가워져라~!
에취

그 이유를
알려 줄까?

온대 과일은
온도가 낮을수록,
열대 과일은
자란 환경과
비슷한 온도로
보관했을 때
단맛이 더
강해진다고!

온도에 따라
과일의 당도가
달라진다?

차가운 과일이 더 달다!

과일을 차갑게 해서 먹으면 더 달게 느껴진다. 왜 그럴까?
과일에서 단맛을 내는 것은 과당이다. 그렇다면 과일의 온도가 낮아지면서 과당의 양이 늘어난 것일까? 사실은 과당의 양이 늘어난 것이 아니라 과당의 구조가 바뀐 것이다. 과당은 탄소 원자 6개가 고리 모양으로 서로 연결돼 있다. 과당 분자는 고리 모양에 따라 우리가 느낄 수 있는 단맛의 정도가 달라진다. 그런데 이 고리의 모양은 온도에 따라 변한다.
가장 단맛이 강한 모양은 육각 고리 형태다. 주로 차가운 온도나 약한 산성의 환경에서 이런 모양이 된다. 반면에 온도가 높아지면 오각 고리 형태로 변하며 단맛의 정도가 약해진다. 그래서 차가운 과일을 먹을 때 더 달게 느껴지는 것이다.
단, 차게 한다고 해도 영하 10℃ 전후의 온도가 가장 적절하다. 지나치게 차가우면 혀에서 맛을 감지하는 기관인 '미뢰'가 마비되기 때문에 오히려 맛을 느낄 수 없게 된다. 따라서 과일을 달게 먹고 싶다면, 냉동실에 넣어 두더라도 감의 온도가 영하 10℃ 내외가 됐을 때 꺼내 먹는 게 가장 좋다.

정혜정 선생님의 요리 교실

우리나라의 전통 후식에는 어떤 것이 있을까요? 수정과와 식혜도 맛있지만 탱글탱글 맛 있는 양갱을 빼놓을 수 없지요. 잘 익은 홍시로 홍시 양갱을 만들어 봐요!

홍시양갱

재료 홍시 5개, 단감 1개, 한천 가루 4큰술, 물 1컵, 설탕 1컵, 물엿 1/2컵, 소금 약간

❶ 홍시는 껍질을 발라낸 뒤 체에 내린다.

❷ 한천 가루는 물에 담가 20분 이상 불린다.

❸ 단감은 깍두기 모양으로 작게 썬다.

❹ 불린 한천 가루를 끓는 물에 넣는다. 한천 가 루가 거의 녹으면 설탕과 물엿, 소금을 넣고 중불에서 끓인다.

❺ ❹에 홍시와 단감을 넣고 저으면서 중불에서 3~5분 정도 끓인다.

❻ 원하는 틀에 부은 뒤, 굳히면 완성!

잠깐!

▶ 만들면서 생기는 거품을 그때그때 걷어 내면 양갱 안에 구멍이 생기지 않아요.

말랑말랑한 '양고기 국'?

양갱을 한자로 표기하면 '羊羹'으로 '양 양'자에 '국 갱'이 합쳐진 단어다. 그럼 양갱이란 양고기 국이란 뜻으로 풀이된다. 말랑말랑한 양갱이 왜 양고기 국이란 뜻을 갖고 있는 것일까?

원래 기원전 중국의 후이 족은 양의 피를 뽑아서 수프를 만들었고, 이 음식을 양갱이라고 불렀다. 닝샤후 족은 양의 피만 따로 굳혀서 음식으로 즐겨먹기도 했다.

그러다가 근대 시대에 일본으로 이 음식이 전파됐다. 하지만 일본의 승려들은 불교의 가르침에 따라 동물을 죽일 수 없었고, 대신 색이 비슷한 팥을 이용했다. 이것이 오늘날의 양갱이다.

한천으로 탱글탱글하게!

양갱은 쫀득한 젤리와 달리 탱글탱글하면서도 잘랐을 때 뚝뚝 끊어지는 느낌이다. 그 이유는 양갱을 만들 때 한천을 사용하기 때문이다.

한천은 우뭇가사리나 꼬시래기 등 홍조류를 이용한 식물성 응고제다. 우뭇가사리를 삶아서 굳히면 우무가 되고, 다시 우무를 1~2주 동안 말리면 한천이 된다. 젤라틴과 비교했을 때 점성이 7배나 강하기 때문에 젤리보다 더 단단한 식감을 낼 수 있다.

또 양갱을 만들 때 재료의 수분을 최대한 빼고 충분히 졸인 뒤 굳히면, 양갱 특유의 말랑말랑하면서도 단단한 식감을 살릴 수 있다.

제10화
팽팽한 연장 승부
천재? 아니면 정말 조선 시대 궁에서 살던 수라간 생각시?
양 팀 선수들은 다시 조리대 앞에 서 주시기 바랍니다.
승리 팀을 발표하겠습니다!
두근
두근
두근
꿀꺽
에~, 2차전 승리는….

차가운 겨울 바람과
시린 눈 속에서
한 송이 꽃이 피어나
봄을 알리는 듯한
환상적인 맛을
보여 준….
부, 분명 내가
이길 거야….
그런데 왜 이렇게
불안하지?
한국 A팀의
'아이스 홍시'입니다!
점수는 1대1.
승부는 다시
원점!
바로 연장전을
시작합니다.
와
와
와
와아
와
스승님, 괜찮으세요?
여기 물이오.
심장 떨려서
죽는 줄 알았네!
우라늄
같은
놈들!
와
이겼다!
한국 A팀
만세!

심사가 이상해!
초콜릿 케이크가
감보다 천 배는
더 맛있는데!
승부는 아직
끝나지 않았어.
탕
탕
탕

방심하지
않을 거야!
으라차차

이제 8강전 최종
승리 팀을 정할
연장전 문제입니다!

뒤를 돌아보세요!

"☐☐와 장미는 친척이다"

사과

올리브

미나리

양배추

펑!

할머니, 혹시 답을 아세요?
그럼!
우리 스승님을 뭘로 보고!

스승님, 저에게만 살짝 알려 주세요~.
그게…; 그러니까 음~.

생긴 걸 보면 당연히 양배추…?
친척은 좀 닮아야 하지 않겠느냐?

땡~

한국 B팀! 양배추는 답이 아닙니다!
으아아! 안 돼! 윤호 네가 양배추 하자며!
뭐?
같이 상의한 거잖아!

스승님, 양배추 아니라는데요!
시치미
음~, 친척이라고 다 비슷하게 생긴 건 아니지. 친척은 이름이 비슷해야 하느니라.

그러므로 정답은?
이유는?
틀렸습니다!
아…
미나리에 '미', 장미에 '미'. 똑같이 '미'가 들어가니까요.
미나리!

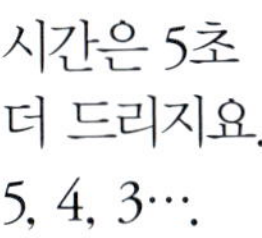

시간은 5초
더 드리지요.
5, 4, 3…

18세기 과학자들은 자연을 연구하는 것을 신의 창조물에 대한 지식을 얻는 것이라고 생각했습니다.

스웨덴의 생물학자 칼 폰 린네도 예외는 아니었습니다.

신은 필요하지 않은 것은 창조하지 않았고, 창조물은 모두 중요하다. 자연은 자비롭고 전능한 신의 창조물이다. 자연 과학자가 하는 일은 혼란과 무질서의 상태에서 신의 영광(자연의 질서)을 드러내는 데 그 목적이 있다.

칼 폰 린네(Carl Von Linne, 1707~1778)

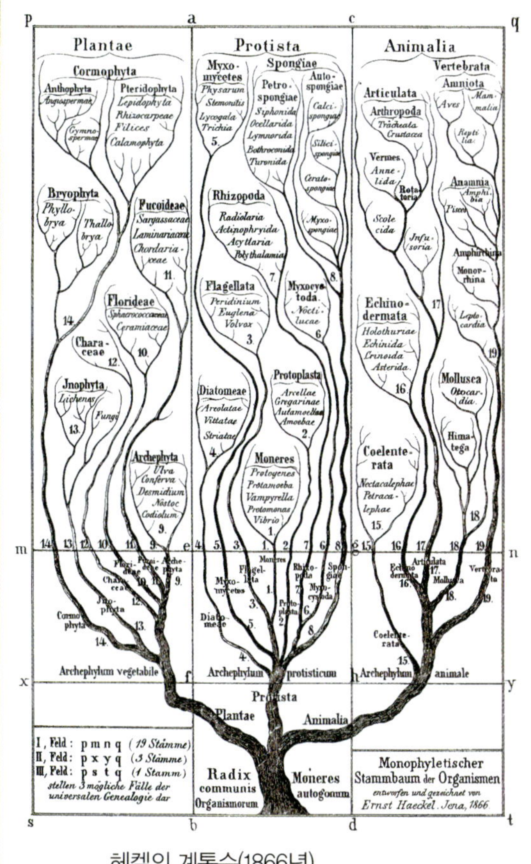

헤켈의 계통수(1866년)

생물 분류학

우리는 들판이나 산, 바다, 사막 등 지구 어느 곳에서든 다양한 생물들을 만날 수 있다. 전 세계에 살고 있는 생물들은 몇 종류나 될까?

지금까지 연구로 기록된 동물은 120만 종, 식물은 50만 종이나 된다. 그리고 매년 1만여 종이 새롭게 발견되고 있다. 게다가 앞으로 더 발견될 생물들까지 더하면 앞으로 이 지구상에는 1000만 종에서 3000만 종의 생물이 살 것으로 추측된다.

이렇게 다양한 생물들을 연구해서 질서를 찾고, 분류하고, 계통을 세우는 일은 생물계를 이해하는 데 매우 중요한 바탕이 된다.

세상의 모든 생물을
특성에 따라 나눠
정리할 수 있다니….

내가 급한 마음에
중요한 걸 놓치고
있었어!

청이야,
그게 무슨
뜻이냐면…, 앗!

자면 어떡해.
일어나~!

흔들
흔들

뭐야,
더 어렵기만
하네.
안 그래?

어머머,
너 뭔가
알고 있는 거
같은데…!

자…,
잠깐!

생각날 것
같아.

심사 위원님이 참 똑똑하네요.
누군 이름 중에 글자 하나가
같다고 친척이라고 하는데…

밥 먹다가
혀 씹을 놈….

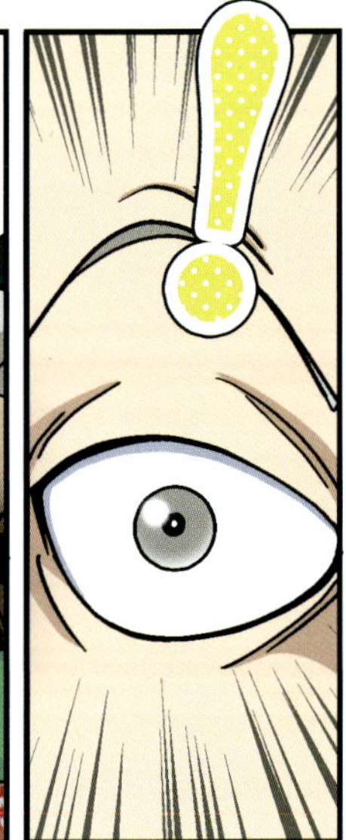

옳거니!
그렇구나!
청아, 너도
그것을 생각하는
중이더냐?
딱

수라간 궁녀가
되려면 우리
땅의 먹거리를
잘 알아야
한다.
감꽃은 언제
피고, 언제
열매를 따야
하는지….
배추와 무는
언제 수확을 해야
맛이 있는지….
다들 무슨 말인지
알겠느냐?
예, 마마님~.

세상의 모든 것을 보고 만질 수는 없지만,
우리 주변만큼은 발품을 팔아 알고 있는 것이
좋다는 말씀이시지요?

팟

결정했사옵니다.
그래?

나도
결정했다!
윤호 파이팅!
우리 윤호가
최고야~♬

네! 시간이
다 됐습니다.
한국 A, B팀,
결정했나요?
와
아
와
와
그렇다면
정답은?

청이와 한울이는 과연 4강에 진출할 수 있을까요?
갈수록 흥미진진한 요리스타 세계 대회! 《요리스타 청》 8권을 기대해 주세요!

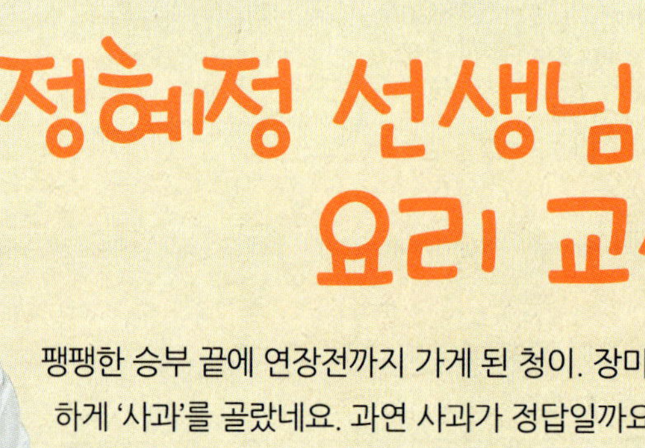

정혜정 선생님의 요리 교실

팽팽한 승부 끝에 연장전까지 가게 된 청이. 장미의 친척을 찾으라는 연장전 문제에 당당하게 '사과'를 골랐네요. 과연 사과가 정답일까요? 청이가 답으로 외친 사과로 맛있는 음식을 만들어서 4강전 진출을 응원해 봐요!

사과밀푀유

①

②

재료 사과 1개, 생크림 1컵, 설탕 2작은 술, 크림치즈(마스카포네치즈) 80g, 견과류 5작은 술, 건베리류 5작은 술, 꿀 5작은 술, 소금 약간, 계피 가루 약간, 비스킷 6~8개

① 사과를 수평 방향으로 얇게(2~3mm 정도) 썬다.
② 썰어 놓은 사과를 꿀과 소금에 절인다.
③ 생크림에 설탕을 넣어 휘핑하고, 크림치즈는 부드럽게 될 때까지 상온에서 녹인다.
④ 생크림과 크림치즈를 섞는다.
⑤ 마른 팬에 견과류를 볶는다.
⑥ 비스킷과 크림, 견과류, 건베리, 계피 가루, 절인 사과 순서대로 올려 밀푀유를 완성한다.

③

④

⑤

⑥

잠깐!

▶ 생크림과 크림치즈를 섞을 때 거품이 꺼지지 않도록 살살 섞어 주세요. 견과류를 볶아서 넣으면 고소한 향이 더 많이 난답니다.

천 겹의 잎사귀, 밀푀유

밀푀유는 프랑스의 대표적인 디저트다. 파이나 타르트와 같이 밀가루 반죽으로 만든 과자류의 일종으로, 여러 재료들을 층층이 쌓아올린 음식이다. 밀푀유는 숫자 1000을 뜻하는 'mille'과, 나뭇잎을 뜻하는 'feuille'가 합쳐진 단어로, '천 겹의 잎사귀'라는 의미이다. 그 이유는 나뭇잎처럼 얇은 밀가루 반죽 층이 쌓여 있는 패스트리 들어가기 때문이다.

일반적으로 패스트리는 밀가루 반죽 729층을 쌓아 만든다. 그런데 밀푀유는 이 패스트리를 두 장 이상 사용하기 때문에 이름처럼 천 겹 이상의 얇은 층이 있는 셈이다.

꿀과 소금으로 갈변을 막아라!

사과 껍질을 자르면 색이 점점 갈색으로 변하는 '갈변' 현상이 일어난다. 사과 속에 있던 효소인 '폴리페놀'이 공기와 만나서 갈색 물질을 만들기 때문이다. 그런데 사과를 꿀이나 소금에 절이면 갈변 현상을 막을 수 있다.

꿀은 사과의 자른 면을 코팅해 효소가 산소와 만나는 것을 막아 준다. 또 사과를 소금물에 담그면 염소 이온이 '폴리페놀'의 활동을 억제한다.

레몬즙을 바르는 방법도 있다. 폴리페놀은 PH 5.8~6.8인 환경에서 활동하는데, 레몬즙을 발라 사과의 표면을 더 강한 산성으로 만들면 효소가 공기와 만나도 활동하지 못하게 된다.